AF355677

NOTE

SUR L'ASSAINISSEMENT

ET

LA CULTURE DES FORÊTS,

ET SUR LE RÈGLEMENT DE LEURS EAUX,

PRÉSENTÉE A LA SOCIÉTÉ ROYALE ET CENTRALE D'AGRICULTURE

PAR M. POLONCEAU,

MEMBRE CORRESPONDANT.

(Extrait des *Annales de l'agriculture française.*)

L'art forestier s'est beaucoup amélioré en France, depuis quelques années, sous plusieurs rapports, mais il est encore imparfait sous quelques autres : ainsi l'on a perfectionné les semis, les plantations, l'aménagement et l'exploitation ; mais on s'est trop peu occupé de la culture des arbres, pendant leur croissance, et de favoriser leur végétation.

Une amélioration importante a cependant été pro-

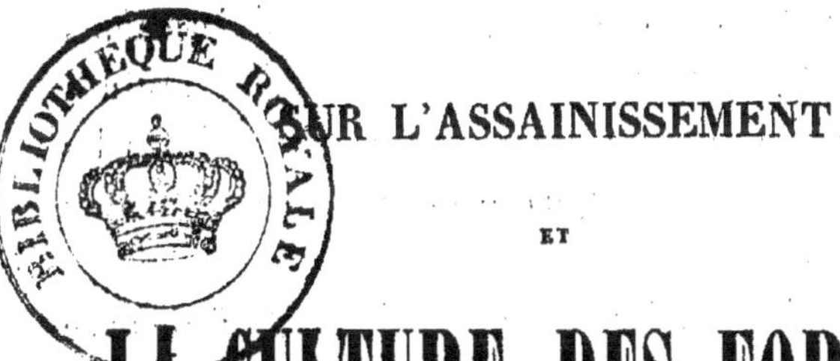

1844

duite, dans ces derniers temps, par les assainissements que l'on a faits, au moyen de nombreux fossés destinés à soutirer et à dériver vers les gorges des vallons les eaux surabondantes et stagnantes des parties planes ou peu inclinées.

Cette opération est fort utile quand elle est faite avec discernement; mais il en est une autre, d'une égale importance, dont on ne s'est pas occupé jusqu'à présent; c'est celle de l'abreuvement des parties des forêts qui, par la trop grande rapidité de leurs pentes et par la perméabilité de leur sol, sont exposées aux inconvénients de la sécheresse.

Ces deux opérations différentes peuvent avoir une très-grande influence sur le régime des cours d'eau nombreux qui sortent des forêts : pour qu'elles n'y produisent pas des changements trop sensibles et nuisibles aux fonds inférieurs, il faut qu'elles soient exécutées avec prudence et mesure, et, autant que possible, coordonnées entre elles.

Déjà la surabondance des eaux agglomérées, lors des fortes pluies, par suite des assainissements, a causé des dommages dans plusieurs départements, et a excité des plaintes; c'est pourquoi il peut être utile de rechercher s'il n'y aurait pas moyen d'empêcher ou au moins de diminuer les inconvénients dont on se plaint.

Il me semble que, si, au lieu de jeter directement dans les ruisseaux les eaux dérivées et recueillies par les fossés d'assainissement, on les employait pour abreuver les parties arides des forêts, on obtiendrait le double avantage de prévenir les effets nuisibles de l'accroissement trop considérable et trop rapide des cours d'eau, et d'augmenter la production des bois là où elle est le plus faible.

Une loi sur les usages des cours d'eau a été discutée l'année dernière, et va être présentée, cette année, à la chambre des pairs, par M. le comte d'Argout, rapporteur d'une commission de cette chambre; il pourrait être utile d'y insérer des dispositions spéciales relativement aux eaux qui descendent des forêts, pour prévenir et faire cesser les discussions entre les propriétaires de bois et les riverains des cours d'eau situés au-dessous.

C'est pourquoi il m'a paru utile de faire connaître à la Société un exemple des litiges qui déjà se sont élevés sur ce sujet dans quelques localités.

Pendant un séjour de quelques mois que j'ai fait, l'automne dernière, dans le département du Jura, j'ai parcouru quelques-unes des vastes forêts domaniales et particulières qui se trouvent dans cette vaste contrée; j'y ai vu que les agents de l'administration forestière et plusieurs grands propriétaires avaient commencé, depuis quelques années, d'assainir les bois au moyen de nombreux fossés, ouverts de manière à donner un écoulement facile et rapide aux eaux qui s'arrêtent en trop grande abondance sur les parties planes ou en pente faible, qui sont peu perméables, et à les conduire aux ruisseaux d'écoulement.

Les parties supérieures de la plupart de ces forêts présentant, à peu de profondeur, un sol argileux, les eaux qui s'y trouvent retenues, étant stagnantes, nuisent à la végétation, d'autant plus que, dans ce genre de propriété , les arbres et leur feuillage garantissant le sol contre l'action du soleil et des courants d'air, l'évaporation y est faible et lente. C'est donc une opération salutaire et bien entendue que celle qui ouvre des débouchés faciles aux eaux stagnantes ; mais, bien qu'elle ne soit encore exécutée que partiellement dans le Jura, elle a déjà eu pour résultat de doubler et même de tripler, en quelques endroits, l'ancien volume habituel des eaux des ruisseaux qui sortent de ces forêts, lors des grandes pluies ou des fontes de neige.

Cet accroissement résulte de ce que les eaux pluviales, qui, jadis arrêtées sur les parties planes ou en pentes douces, n'arrivaient aux ruisseaux que progressivement par filtrations lentes à travers les diverses couches de terre plus ou moins perméables, trouvant des dégorgements plus faciles et immédiats par les fossés d'assainissement, arrivent en peu de temps aux ruisseaux, et s'y accumulent à la fois en descendant simultanément de toutes les pentes qui les dominent.

Cette augmentation subite de volume, qui se renouvelle à chaque pluie, est sans inconvénient dans les parties de ces ruisseaux situées sur les versants des forêts, où la pente est forte ; mais, lorsque les eaux arrivent dans les plaines, où la pente est beaucoup plus faible, les lits des ruisseaux, qui jadis débitaient facilement les eaux habituelles en temps de pluie, sont maintenant insuffisants pour contenir la surabondance extraordinaire de volume produite par les assainissements.

Il en résulte des débordements qui causent de grands dommages aux plaines en culture, et qui sont un sujet

d plaintes nombreuses et très-vives de la part des-ri-
vrains.

J'ai vu, en effet, de vastes étendues de champs, où
l'on a été obligé de ressemer deux ou trois fois; et même,
après ces dépenses, on n'est nullement assuré des ré-
coltes qui sont encore souvent submergées; en sorte
que, si cet état de choses continuait, un grand nombre
d fermiers et de propriétaires seraient obligés de re-
noncer à la culture de leurs terres. Les assainissements
étant avantageux se multiplieront indubitablement, et
finiront sans doute par se généraliser. On doit prévoir
qu'il en résultera une nouvelle cause d'accroissement
des rivières, accroissement qui est sensible dans plusieurs départements, et y a déjà produit de grands ra-
vages.

D'un autre côté, les propriétaires d'usines situées sur
les cours d'eau qui descendent des forêts assainies se
plaignent non-seulement des dommages que leur cause
le volume extraordinaire des crues, mais encore de ce
que, dans les intervalles des pluies, le volume des eaux
est sensiblement diminué; la cause en est la suppression,
par les assainissements, d'une grande partie des filtrations lentes des eaux des forêts, qui forment le principal
aliment des sources.

Les habitants d'un grand nombre de communes dans
lesquelles ces effets se produisent annoncent hautement
l'intention de réclamer contre les résultats des travaux
exécutés dans les forêts et d'attaquer leurs propriétaires;
ils se fondent sur les dispositions du code qui défendent
aux propriétaires des fonds supérieurs de rien faire qui
aggrave les servitudes naturelles des fonds inférieurs.

La législation sur les cours d'eau étant incomplète et insuffisante, et n'ayant pas prévu ce cas, les tribunaux éprouvent de grandes difficultés pour juger ces sortes de procès, et il est probable qu'il y aura des jugements tout à fait opposés, suivant la manière d'interpréter les dispositions du code, qui sont trop vagues et trop sujettes à interprétation; c'est un mal qu'il importe de prévenir, et on ne le peut que par une législation spéciale, dont le besoin se fait sentir chaque jour davantage. Il me semble qu'il appartient à la Société royale et centrale d'agriculture d'appeler sur ce sujet l'attention du gouvernement et d'exprimer son opinion sur les principales dispositions de cette législation.

Les augmentations extraordinaires du volume des eaux, immédiatement après les pluies, et la réduction de l'ancien volume habituel dans leurs intervalles sont constantes; les dommages qui en résultent pour les cultivateurs et pour les usiniers sont également certains; il s'agit de savoir si l'on peut remédier à ces inconvénients, et, dans ce cas, quels sont les moyens qu'il s'agit d'employer pour y parvenir.

D'un côté, il paraît conforme aux principes d'équité (que j'invoque de préférence, parce que je ne suis pas apte à traiter, ni à discuter les principes de droit et de légalité), il paraît juste, dis-je, que celui qui cause des dommages à des tiers, par des ouvrages entrepris pour l'amélioration de sa propriété, soit tenu de les faire cesser ou d'indemniser ceux qui en souffrent.

D'un autre côté, les possesseurs de bois peuvent dire que l'on ne peut les empêcher de se délivrer des eaux qui leur nuisent, et que les eaux stagnantes, en même temps qu'elles font tort à leurs bois, sont des causes d'insalubrité, et que, sous ce rapport, comme sous celui de l'accroissement de la production des bois, l'assainissement présente, à la fois, le double caractère d'intérêt général et d'intérêt privé. Ils peuvent ajouter qu'ils n'amènent aux ruisseaux aucune quantité ou surcroît d'eau étrangère à leur cours, et qu'ils ne font que réunir plus promptement, en les empêchant d'être stagnantes, les eaux pluviales, qui, par les dispositions *naturelles* du terrain et de ses pentes, doivent toujours se rendre en plus ou moins de temps aux lits des ruisseaux et aux fonds inférieurs qui les bordent. Ils peuvent encore demander comment on voudrait leur défendre d'empêcher la stagnation des eaux dans les forêts, quand on encourage, par tous les moyens possibles et avec raison, la suppression des eaux stagnantes dans les plaines par les desséchements des marais et autres travaux analogues.

Les propriétaires des fonds inférieurs peuvent leur répondre que, sans contester l'utilité des travaux d'assainissement, ils ont droit de réclamer contre les pertes que les conséquences de ces travaux leur font éprouver, et que c'est aux possesseurs des forêts à faire en sorte qu'eux n'en éprouvent pas de dommages.

Pour donner une idée de l'irritation que produit le résultat des assainissements des forêts, je joins ici un exemplaire d'une *opinion* que vient de publier l'un des riverains de la vaste forêt de Chaux, près de Dôle, opinion qui se termine en réclamant de l'État des indemnités et dédommagements en compensation des dégâts occasionnés par les eaux qui sont lancées de la forêt de Chaux sur les territoires et champs inférieurs.

BIBLIOTHÈQUE ROYALE

(8)

Il est assez difficile, mais il n'est peut-être pas impossible de concilier ces intérêts opposés.

Il serait assurément fâcheux, sous le rapport de l'intérêt général, de s'opposer aux travaux d'assainissement des forêts; il importe donc d'examiner ce qu'il y aurait à faire pour pouvoir, en autorisant ces travaux, prévenir les irrégularités considérables et nuisibles qu'ils produisent dans le régime des cours d'eau.

Il importe d'abord de faire remarquer que la plupart des lits des ruisseaux dont il s'agit seront loin d'être réglés convenablement; que s'ils l'étaient, c'est-à-dire, si l'on avait fait disparaître les sinuosités trop prononcées, les plantations trop avancées sur les rives, les étranglements et les envasements, si l'on donnait aux ruisseaux une largeur et une profondeur régulières et uniformes, et si chaque usine avait des vannes de fond suffisantes pour le débit des grandes eaux, les maux dont on se plaint seraient beaucoup moindres. Or ces travaux concernent les riverains et les usiniers, parce qu'ils sont dans leur intérêt et que les règlements administratifs les mettent à leur charge.

Mais il faut aussi faire attention que l'obligation de ces travaux ne peut leur être imposée que dans les limites qui résultent du libre écoulement des plus grandes eaux naturelles et habituelles de ces courants, telles qu'elles ont existé avant les travaux qui ont accru ce volume; car on ne peut le nier, il y a novation dans l'état des choses et changement dans le régime des eaux, par des causes nouvelles, provenant de la main de l'homme et non d'effets naturels.

Il est certain que l'on a le droit d'obliger les riverains

à exécuter les redressements, élargissements et les dé-
vasements des lits des ruisseaux, dont le cours est en-
travé faute d'entretien convenable, et d'exiger que
toutes les usines mues par des retenues sur un cours
d'eau aient des vannes de décharge suffisantes pour
écouler les grandes eaux naturelles. Mais ces travaux,
nécessaires pour régulariser et améliorer le cours d'un
ruisseau, en se basant sur son ancien régime, ne suffi-
raient pas pour donner des garanties complètes avec le
régime nouveau si différent de l'ancien ; or il me semble que les travaux nécessaires dans les conditions de
l'ancien régime doivent être à la charge des riverains
et usiniers, car ils auraient dû être exigés et exécutés
anciennement et avant les changements survenus ; mais
les travaux supplémentaires nécessités par les accroissements subits de volume qui résultent de l'assainissement, tels que les accroissements de largeur à prendre
sur les terrains riverains, au delà des limites de l'an-
cienne largeur moyenne, et les digues que l'on peut être
forcé d'établir pour prévenir la submersion des terrains
qui jadis n'y étaient pas exposés, paraissent ne pouvoir
être supportés que par les auteurs des changements survenus nouvellement.

En admettant ces principes, il faudrait encore remarquer que, quand bien même les propriétaires de forêts
feraient exécuter ou payeraient les accroissements de
largeur des lits des ruisseaux, et les digues ou levées
destinées à contenir les plus grandes eaux, et se charge-
raient de les entretenir, les riverains seraient toujours
soumis à une servitude nouvelle et grave, celle qui ré-

sulterait de la surélévation des eaux contenues entre les levées au-dessus du niveau des terrains riverains, et qu'ils resteraient exposés aux dégâts que pourrait causer la rupture des digues. Il faudrait probablement, dans cette hypothèse, mettre l'entretien perpétuel des digues à la charge des propriétaires des forêts supérieures, et les rendre responsables des cas de rupture; mais il y aurait, dans cette mesure, de graves inconvénients, parce que ce serait une source immense de procès.

En outre, les moyens que je viens d'indiquer pourraient remédier aux dommages causés par les grandes crues; mais ils ne remédieraient nullement à la réduction de volume pendant les sécheresses.

Heureusement il y a, pour résoudre ces difficultés, un moyen qui me paraît préférable, parce qu'il donne une solution plus sûre et plus complète, et parce qu'il évite les chances de discussions et de procès, en dispensant les propriétaires des forêts de tous travaux et de toute responsabilité sur des fonds étrangers.

Ce moyen consiste dans l'obligation à imposer aux propriétaires des forêts de faire exécuter sur leur terrain, et sur chacun des cours d'eau qui reçoivent des augmentations de volume par les eaux d'assainissement, un réservoir capable de contenir le volume d'eau surabondant produit par les fossés, lors des plus grandes pluies, et de pratiquer, dans le bas du barrage de retenue de chacun de ces réservoirs, une ouverture permanente, de dimensions telles, que les eaux réunies dans le réservoir, par une pluie très-abondante, puissent

s'écouler progressivement dans les intervalles des rem-
plissages (1) ; de cette manière, on préviendrait sûre-
ment les inondations et les sujets de plaintes, et chacun
des intéressés resterait seul chargé et seul responsable
des ouvrages à exécuter sur son propre terrain.

On pourra peut-être objecter que les réserves que je
propose de faire établir seront une cause de grandes
dépenses ; tant pour leur établissement que pour leur
entretien ; mais cette considération n'est pas assez puis-
sante pour empêcher l'application du principe d'équité
que j'ai déjà cité, qui veut que tout propriétaire qui,
par des travaux entrepris dans son intérêt privé, nuit à
des tiers, soit tenu de faire ce qui est nécessaire pour
les garantir de tout dommage résultant de ses opérations. Ce sera aux propriétaires de bois à établir la com-
paraison entre les bénéfices et les charges qui peuvent
résulter de leurs travaux d'amélioration.

Il y a d'ailleurs un moyen de diminuer de beaucoup
l'importance des réservoirs et même de dispenser entiè-
rement d'en établir dans un grand nombre de cas ; ce
moyen mérite d'autant plus d'être pris en considération, qu'il est parfaitement dans l'intérêt des propriétaires de bois.

Il consiste dans l'établissement de rigoles destinées à
conduire les eaux provenant des assainissements des
parties trop humides, sur les pentes et les revers qui ne

---

(1) Ce mode de régularisation est imité du procédé proposé par
M. Hauducœur, maire de Bures et agriculteur ingénieux et habile
pour le règlement des étangs, dans un mémoire qu'il a présenté à la
Société royale d'agriculture de Seine-et-Oise.

le sont pas assez, et à les y maintenir pour qu'elles y
pénètrent par filtration. Pour remplir ce but, il faut que
ces rigoles, au lieu de déverser l'eau par-dessus leurs
bords, comme les rigoles d'irrigation proprement dites,
la conservent pour qu'elle s'absorbe par imbibition
lente, et, pour cela, il faut qu'elles soient larges et aient
des pentes très-faibles, surtout vers leurs extrémités.

Ce mode de fertilisation a été proposé pour l'établissement de prairies sur les pentes arides par M. Hauducœur, agriculteur fort habile, auteur de divers perfec-
tionnements très-ingénieux et très-utiles sur les cours
d'eau, et qui a appliqué ce procédé depuis six ans, avec
un succès remarquable sur sa propriété, dans la com-
mune de Bures, dont il est maire.

Pour ne pas confondre ces sortes de rigoles avec celles
qui servent ordinairement aux irrigations, nous les
nommerons *rigoles d'abreuvement* : en en faisant l'application aux forêts avec discernement, on favorisera
leur végétation et on augmentera beaucoup leurs produits. On voit à Grignon un exemple frappant de l'influence de l'arrosement des bois : M. Bella m'y a fait
remarquer, dans une visite récente, la différence entre
la croissance des parties d'une allée d'ormes, qui borde
un pré soumis aux irrigations, et la croissance des parties qui ne jouissent pas de cet avantage. C'est ce qui
m'a fait naître l'idée d'employer, pour les forêts, ce
moyen de fertilisation, dont on ne s'est pas encore ou
fort peu occupé. Ce moyen est d'autant plus recomman-
dable, qu'il devient en même temps un moyen simple et
profitable de remédier aux conséquences des assainissements, qu'il dispensera de faire des réservoirs dispen-

dieux, ou bien permettra d'en réduire beaucoup les dimensions ; enfin il préviendra les principaux sujets de
conflits entre les propriétaires de bois et les possesseurs
des fonds inférieurs.

La conduite directe des eaux soutirées par les assainissements dans les ruisseaux d'écoulement n'est pas
seulement un inconvénient, c'est une faute!... C'est se
priver volontairement d'un riche agent de fertilisation,
car ces eaux s'enrichissent des débris de la végétation
des forêts.

Il vaut assurément beaucoup mieux les employer à
abreuver les bois qui manquent d'humidité, et il y a
double avantage quand on peut, à la fois, éviter de
nuire et améliorer ses propriétés.

Cette opération est presque toujours facile à exécuter,
parce que, en général, les eaux stagnantes se trouvent
sur les plateaux boisés qui forment la partie supérieure
de la plupart des forêts, et que ces plateaux sont presque toujours bordés, au moins sur quelques parties de
leurs périmètres, de revers en pentes prononcées, et
que la majeure partie de ces revers est inférieure aux
couches argileuses du sous-sol supérieur et, par cette raison, fort perméable. Les eaux, coulant rapidement sur
ces pentes, n'ont pas le temps d'y pénétrer profondément;
en outre, ces revers sont plus exposés que les parties
planes à l'action évaporante du soleil et des courants
d'air. Il résulte de ces trois causes que les versants des
forêts sont généralement arides, qu'ils présentent même
souvent des dégradations et des éboulements, et qu'ils
produisent moins de bois que les parties en pentes douces, qui conservent plus d'humidité. Les rigoles d'a-

breuvement remédieront à ces défauts, et les accroissements de produits qui en résulteront payeront large-
ment les dépenses de leurs ouvertures et de leur entretien. Il faudra sans doute dégager ces rigoles des
feuilles, des bois secs et des neiges qui s'y arrêteront,
et qui empêcheraient les eaux d'y couler librement. Ces
frais d'entretien seront peu considérables ; ils sont d'ailleurs une charge naturelle, comme il en existe toujours
pour la conservation de tout ouvrage productif. Les
rigoles d'abreuvement auront encore un avantage pré-
cieux, savoir : de reproduire, par la filtration lente,
l'alimentation des sources pendant la sécheresse.

Quant aux dispositions réglementaires qui concernent la législation et les mesures administratives nécessaires pour assurer l'ordre et prévenir les conflits, il me
semble qu'il suffirait de prescrire les dispositions sui-
vantes, qui renferment le résumé de ce qui précède.

Lorsque les volumes ordinaires et habituels des cours
d'eau qui sortent des forêts ou bois domaniaux ou par-
ticuliers seront augmentés par suite de travaux d'assainissement, d'une manière nuisible pour les fonds
inférieurs, les propriétaires des bois et forêts dans
lesquels ces travaux auront été exécutés seront obligés
de retenir, dans leurs terrains, les eaux provenant de
leurs fossés, soit au moyen de larges canaux dérivés sur
les pentes latérales de leurs propriétés, pour qu'elles
s'y imbibent par filtration lente, soit, en cas d'insuffi-
sance de ce moyen d'absorption, en établissant des réservoirs sur leur terrain, au-dessus du débouché des
ruisseaux qui sortent de leurs bois.

Ces réservoirs ou étangs auront la capacité nécessaire

pour contenir le volume surabondant et excédant l'ancien volume ordinaire des cours d'eau , dans les temps de grande pluie ou de fonte de neige.

Il sera établi, dans leur barrage, des ouvertures *permanentes,* en pierre ou en fonte, pour servir à écouler progressivement et graduellement les eaux accumulées dans les réservoirs , dans les intervalles de leur remplissage. La position et les dimensions de ces ouvertures seront réglées par l'administration des travaux publics.

Paris. — Imprimerie de Me Ve BOUCHARD-HUZARD,
rue de l'Éperon , 7.

www.ingramcontent.com/pod-product-compliance
Lightning Source LLC
LaVergne TN
LVHW010506180726
843501LV00015B/4357